設定信念 × 轉化渴望

STEP 1

找一個安靜不會被打擾或打斷的角落（最好是晚上在床上），閉上眼睛，大聲唸出（要能聽見自己的聲音）你寫下的內容，包括你想要累積的財富金額（也可以是成就）、花多長時間、為了獲得這筆財富要提供的服務或商品的描述。並在過程中，想像你已經獲得這筆財富或成就。

到了________年______月______日前，

我將擁有____________________（金額）

這筆錢會在這段期間逐步累積。為了換取這筆財富，我會以最有效的方式，盡我所能提供最多且最優質的

____

（描述你的服務或商品）。

我堅信我將能獲得這筆財富。我的信念如此強烈，我現在就能看到這筆財富在眼前，可以用雙手觸摸到。這筆錢正等著我，我預計透過提供特定服務來獲得，並得到相應的報酬。

STEP 2

完成初步的行動規劃。為了達成前面的目標，你計畫要付出什麼行動？你提供的服務或產品要怎麼轉換成金錢？先列出大方向和要做哪些行動。

利用後面的每週計畫，將目標拆成小片段去行動，隨時提醒自己回到「重要但不緊急」的軌道上，用肯定語強化信念，每週覆盤則是幫助自己快速迭代。

我的具體行動計畫如下：

STEP 3

規劃每天的原子行動。信念不是一開始發個大願就好，每天的小行動除了離目標更近一步，更能夠強化信念，把強烈的渴望持續投射出去。同時可以利用後面的習慣清單，來幫助自己讓每日行動成為習慣。

為了完成目標，每日該如何行動？把想到的都寫下來。

STEP 4

每天早晚重讀一次 STEP 1 ，直到你可以在想像中清楚看到這筆財富。在睡前及剛起床都讀一遍，直到在心裡牢牢記住。

____ 月習慣紀錄

項目	1	2	3	4	5	6	7	8	9	10	11	12	13

____ 月習慣紀錄

項目	1	2	3	4	5	6	7	8	9	10	11	12	13

____ 月習慣紀錄

項目	1	2	3	4	5	6	7	8	9	10	11	12	13

____ 月習慣紀錄

項目	1	2	3	4	5	6	7	8	9	10	11	12	13

____ 月習慣紀錄

項目	1	2	3	4	5	6	7	8	9	10	11	12	13

____ 月習慣紀錄

項目	1	2	3	4	5	6	7	8	9	10	11	12	13

14	15	16	17	18	19	20	21	22	23	24	25	26	27	28	29	30	31

14	15	16	17	18	19	20	21	22	23	24	25	26	27	28	29	30	31

14	15	16	17	18	19	20	21	22	23	24	25	26	27	28	29	30	31

14	15	16	17	18	19	20	21	22	23	24	25	26	27	28	29	30	31

14	15	16	17	18	19	20	21	22	23	24	25	26	27	28	29	30	31

14	15	16	17	18	19	20	21	22	23	24	25	26	27	28	29	30	31

____ 月習慣紀錄

項目	1	2	3	4	5	6	7	8	9	10	11	12	13

____ 月習慣紀錄

項目	1	2	3	4	5	6	7	8	9	10	11	12	13

____ 月習慣紀錄

項目	1	2	3	4	5	6	7	8	9	10	11	12	13

____ 月習慣紀錄

項目	1	2	3	4	5	6	7	8	9	10	11	12	13

____ 月習慣紀錄

項目	1	2	3	4	5	6	7	8	9	10	11	12	13

____ 月習慣紀錄

項目	1	2	3	4	5	6	7	8	9	10	11	12	13

14	15	16	17	18	19	20	21	22	23	24	25	26	27	28	29	30	31

14	15	16	17	18	19	20	21	22	23	24	25	26	27	28	29	30	31

14	15	16	17	18	19	20	21	22	23	24	25	26	27	28	29	30	31

14	15	16	17	18	19	20	21	22	23	24	25	26	27	28	29	30	31

14	15	16	17	18	19	20	21	22	23	24	25	26	27	28	29	30	31

14	15	16	17	18	19	20	21	22	23	24	25	26	27	28	29	30	31

MONTH

MON

TUE

WED

THU

FRI

SAT

SUN

本週最重要的事 / 肯定語

行動清單

覆盤

本週完成最棒的是

可以再調整的是

MONTH

MON

TUE

WED

THU

FRI

SAT

SUN

本週最重要的事 / 肯定語

行動清單

覆盤

本週完成最棒的是

可以再調整的是

MONTH

MON

TUE

WED

THU

FRI

SAT

SUN

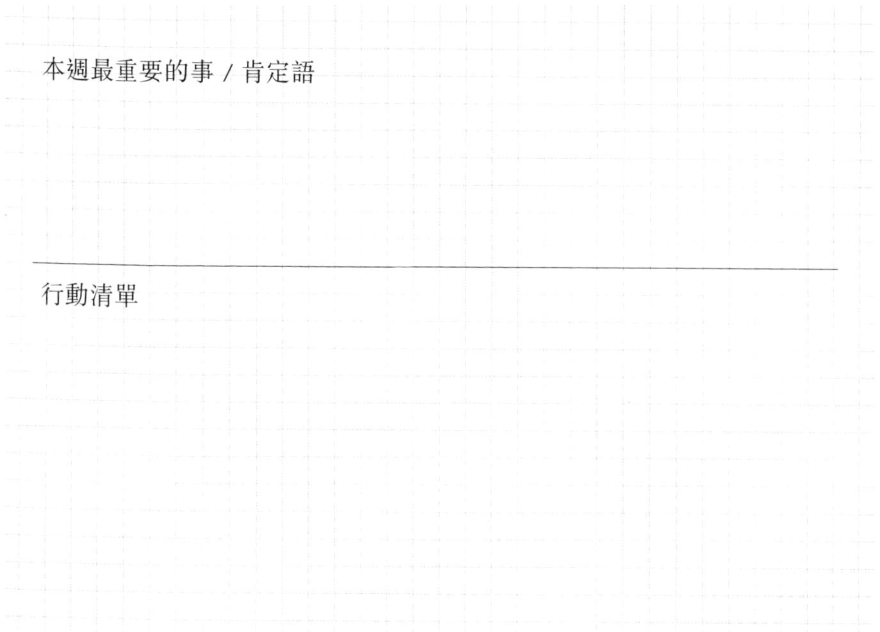

本週最重要的事 / 肯定語

行動清單

覆盤

本週完成最棒的是

可以再調整的是

MONTH

MON

TUE

WED

THU

FRI

SAT

SUN

本週最重要的事 / 肯定語

行動清單

覆盤

本週完成最棒的是

可以再調整的是

MONTH

MON

TUE

WED

THU

FRI

SAT

SUN

本週最重要的事 / 肯定語

行動清單

覆盤

本週完成最棒的是

可以再調整的是

MONTH

MON

TUE

WED

THU

FRI

SAT

SUN

本週最重要的事 / 肯定語

行動清單

覆盤

本週完成最棒的是

可以再調整的是

MONTH

MON

TUE

WED

THU

FRI

SAT

SUN

本週最重要的事 / 肯定語

行動清單

覆盤

本週完成最棒的是

可以再調整的是

MONTH

MON

TUE

WED

THU

FRI

SAT

SUN

本週最重要的事 / 肯定語

行動清單

覆盤

本週完成最棒的是

可以再調整的是

MONTH

MON

TUE

WED

THU

FRI

SAT

SUN

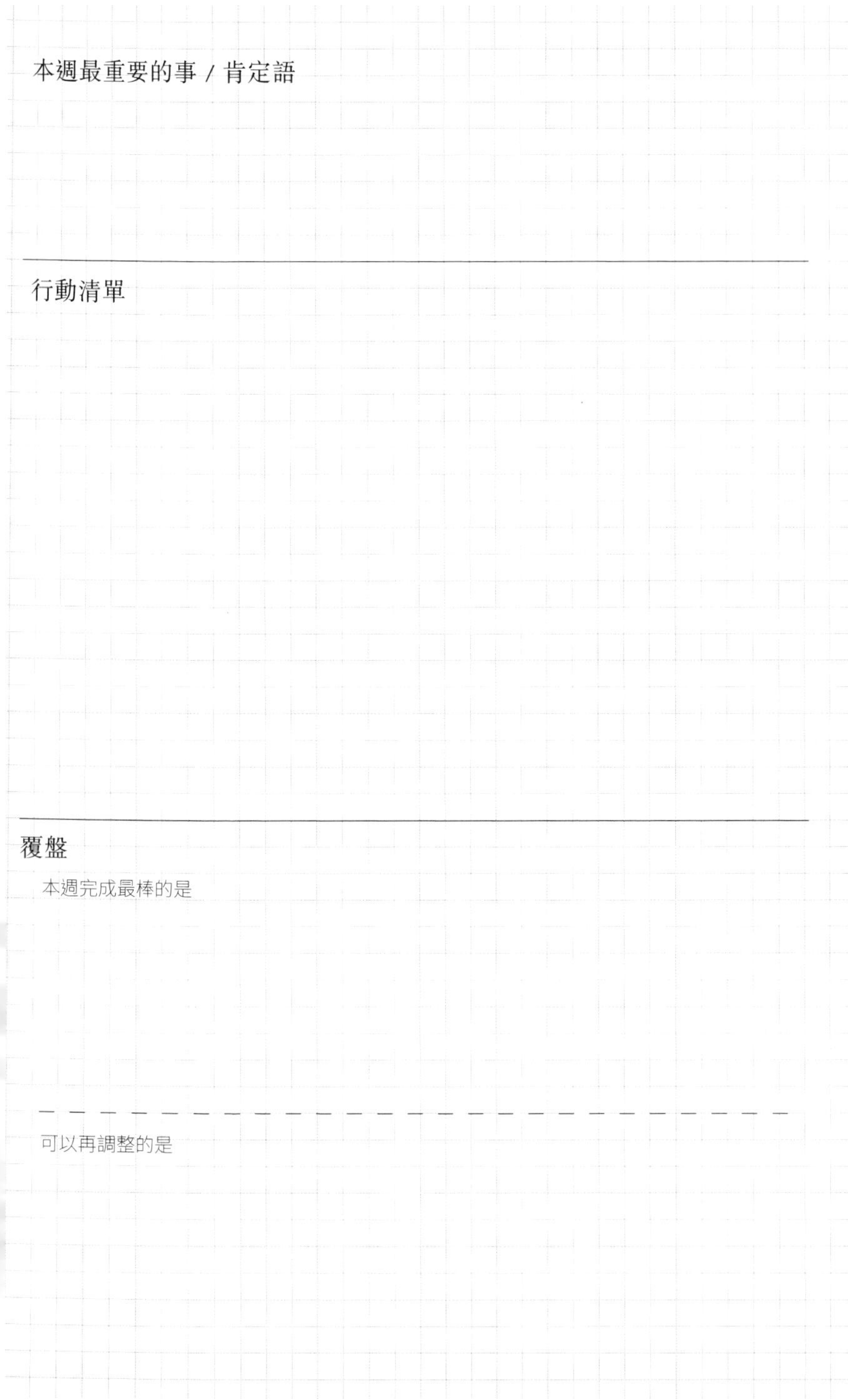
本週最重要的事 / 肯定語
行動清單
覆盤
本週完成最棒的是
可以再調整的是

MONTH

MON

TUE

WED

THU

FRI

SAT

SUN

本週最重要的事 / 肯定語

行動清單

覆盤

本週完成最棒的是

可以再調整的是

MONTH

MON

TUE

WED

THU

FRI

SAT

SUN

本週最重要的事 / 肯定語

行動清單

覆盤

本週完成最棒的是

可以再調整的是

MONTH

MON

TUE

WED

THU

FRI

SAT

SUN

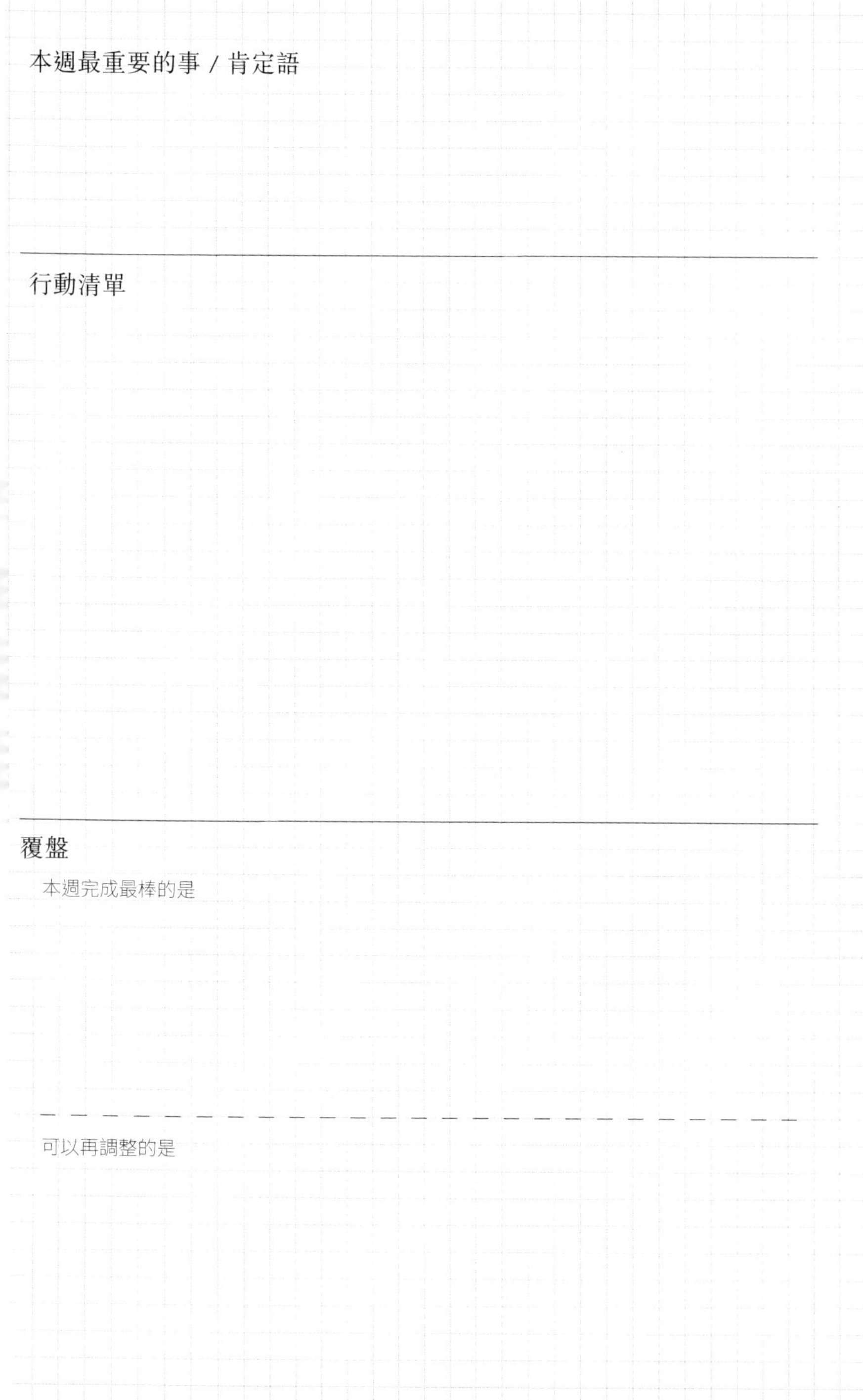
本週最重要的事 / 肯定語

行動清單

覆盤

本週完成最棒的是

可以再調整的是

MONTH

MON

TUE

WED

THU

FRI

SAT

SUN

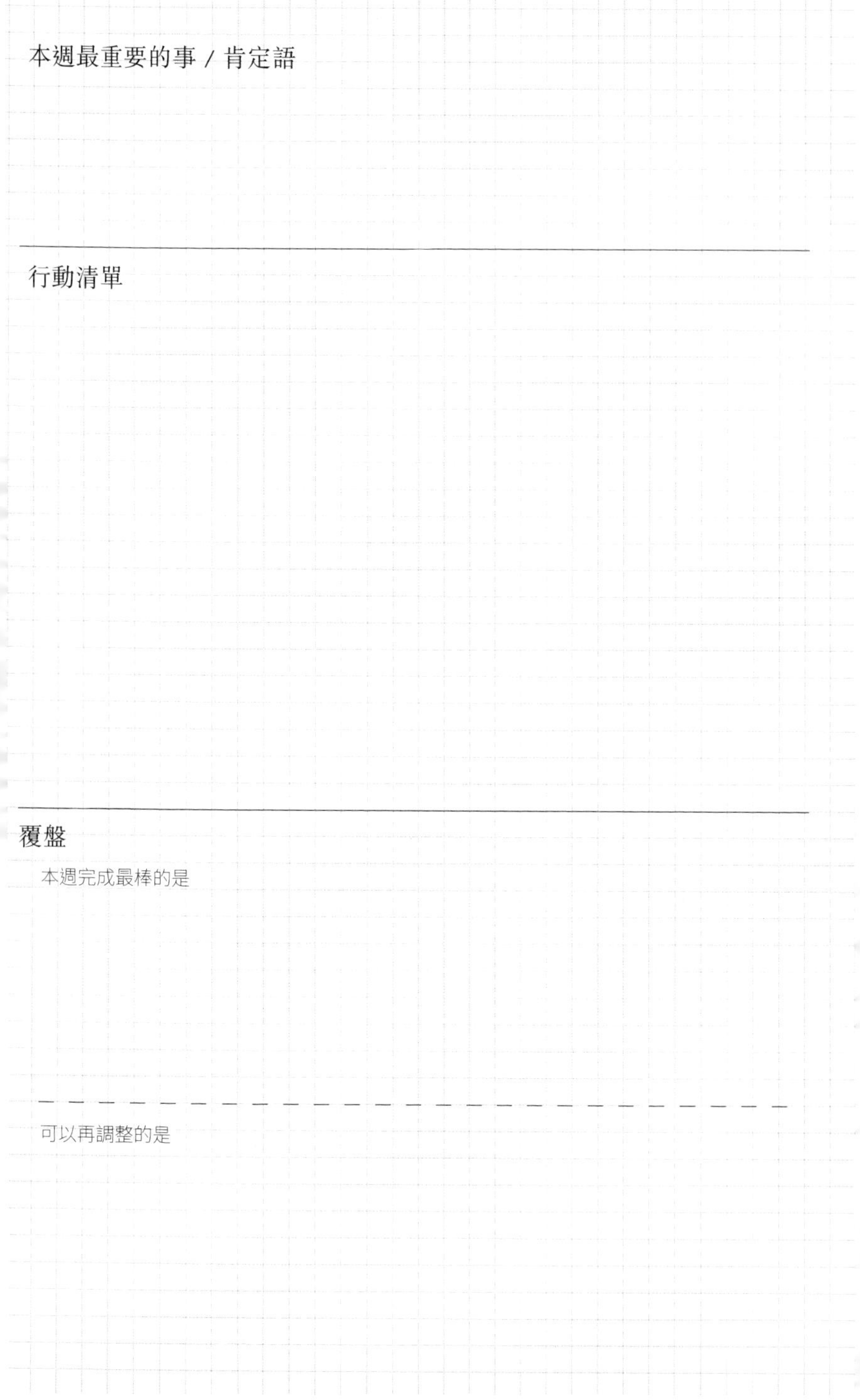

本週最重要的事 / 肯定語

行動清單

覆盤

本週完成最棒的是

可以再調整的是

MONTH

MON

TUE

WED

THU

FRI

SAT

SUN

本週最重要的事 / 肯定語

行動清單

覆盤

本週完成最棒的是

可以再調整的是

MONTH

MON

TUE

WED

THU

FRI

SAT

SUN

本週最重要的事 / 肯定語

行動清單

覆盤

本週完成最棒的是

可以再調整的是

MONTH

MON

TUE

WED

THU

FRI

SAT

SUN

本週最重要的事 / 肯定語

行動清單

覆盤

本週完成最棒的是

可以再調整的是

MONTH

MON

TUE

WED

THU

FRI

SAT

SUN

本週最重要的事 / 肯定語

行動清單

覆盤

本週完成最棒的是

可以再調整的是

MONTH

MON

TUE

WED

THU

FRI

SAT

SUN

本週最重要的事 / 肯定語

行動清單

覆盤

本週完成最棒的是

可以再調整的是

MONTH

MON

TUE

WED

THU

FRI

SAT

SUN

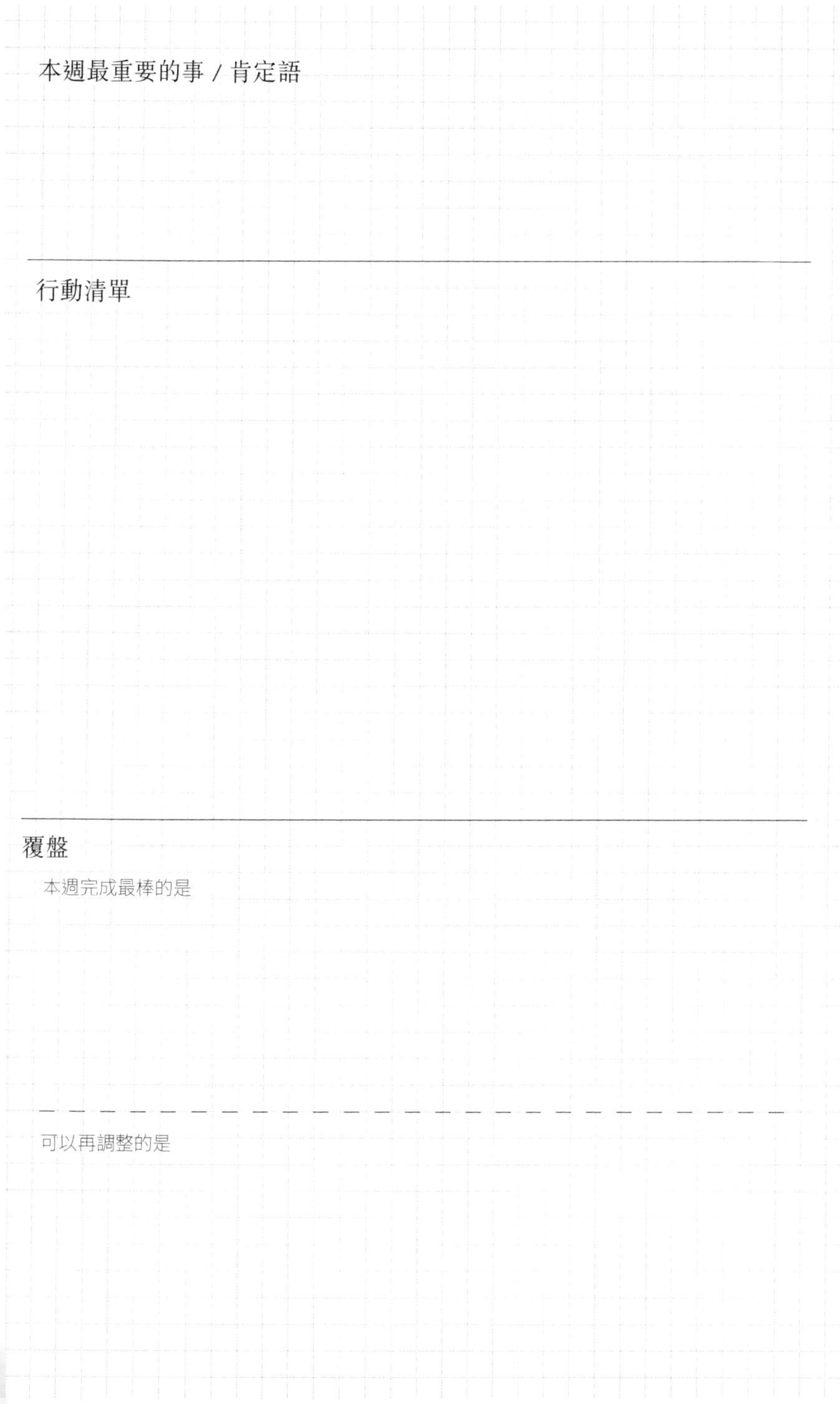
本週最重要的事 / 肯定語
行動清單
覆盤
本週完成最棒的是
可以再調整的是

MONTH

MON

TUE

WED

THU

FRI

SAT

SUN

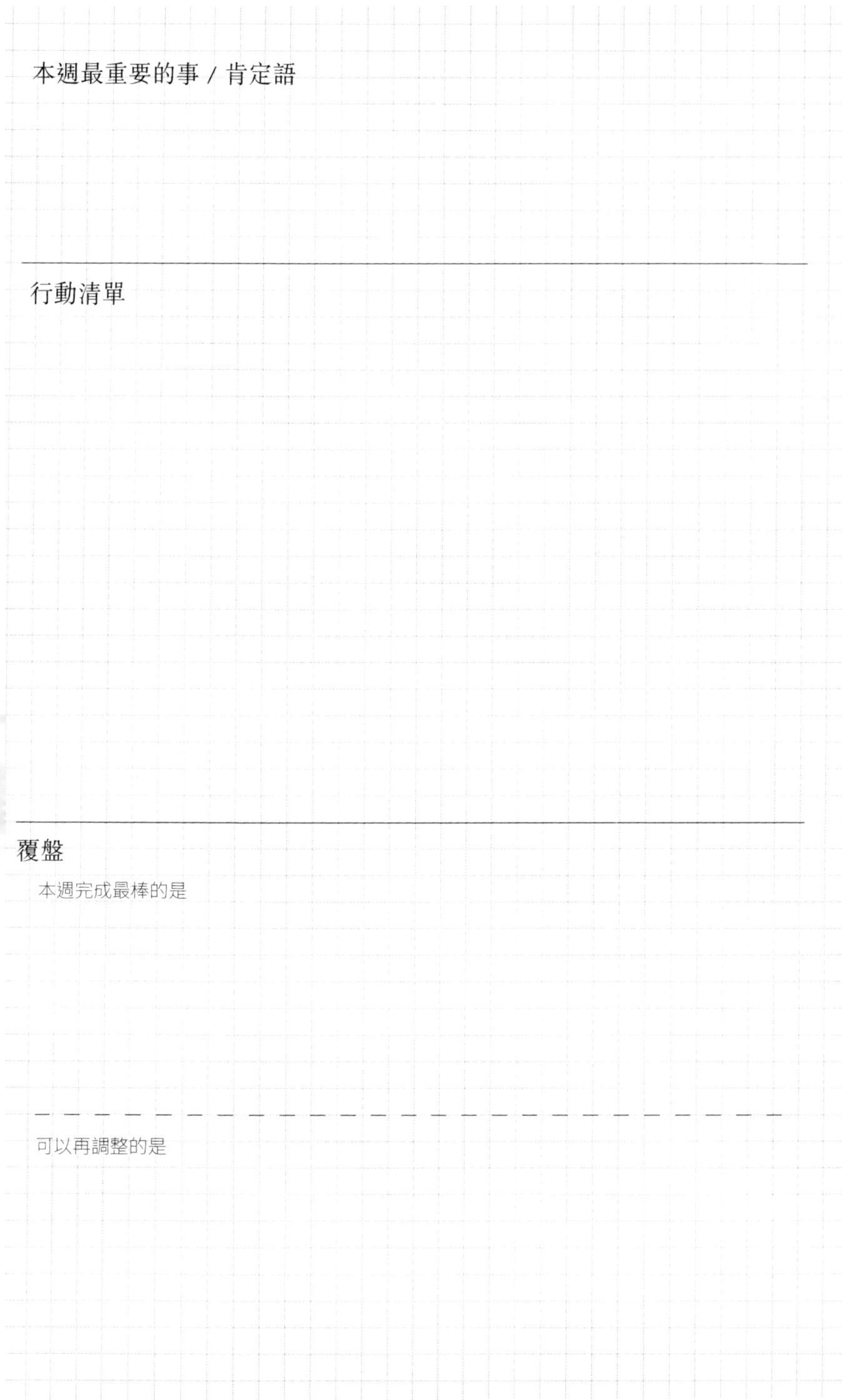
本週最重要的事 / 肯定語
行動清單
覆盤
本週完成最棒的是
可以再調整的是

MONTH

MON

TUE

WED

THU

FRI

SAT

SUN

本週最重要的事 / 肯定語

行動清單

覆盤

本週完成最棒的是

可以再調整的是

MONTH

MON

TUE

WED

THU

FRI

SAT

SUN

本週最重要的事 / 肯定語

行動清單

覆盤

本週完成最棒的是

可以再調整的是

MONTH

MON

TUE

WED

THU

FRI

SAT

SUN

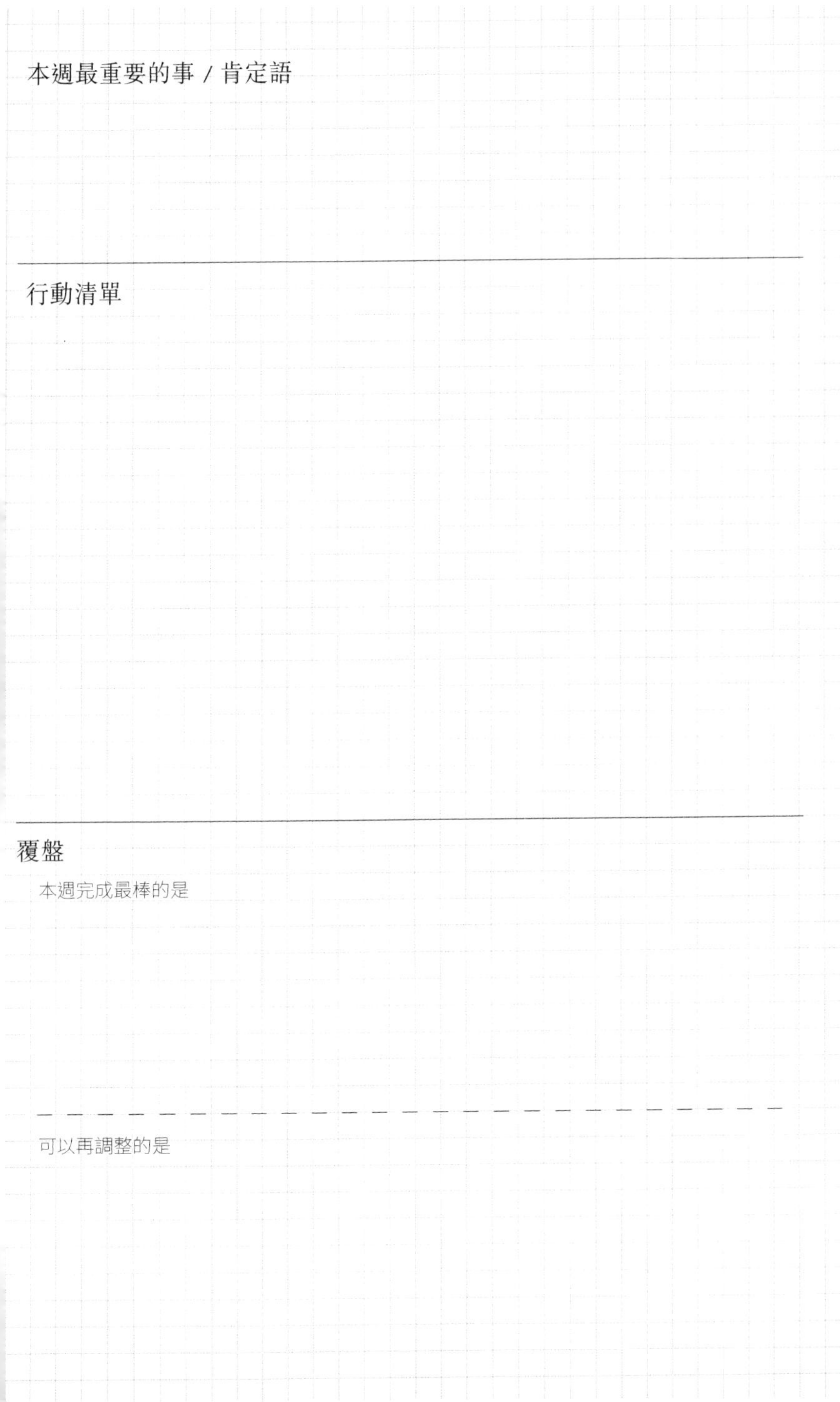
本週最重要的事 / 肯定語
行動清單
覆盤
本週完成最棒的是
可以再調整的是

MONTH

MON

TUE

WED

THU

FRI

SAT

SUN

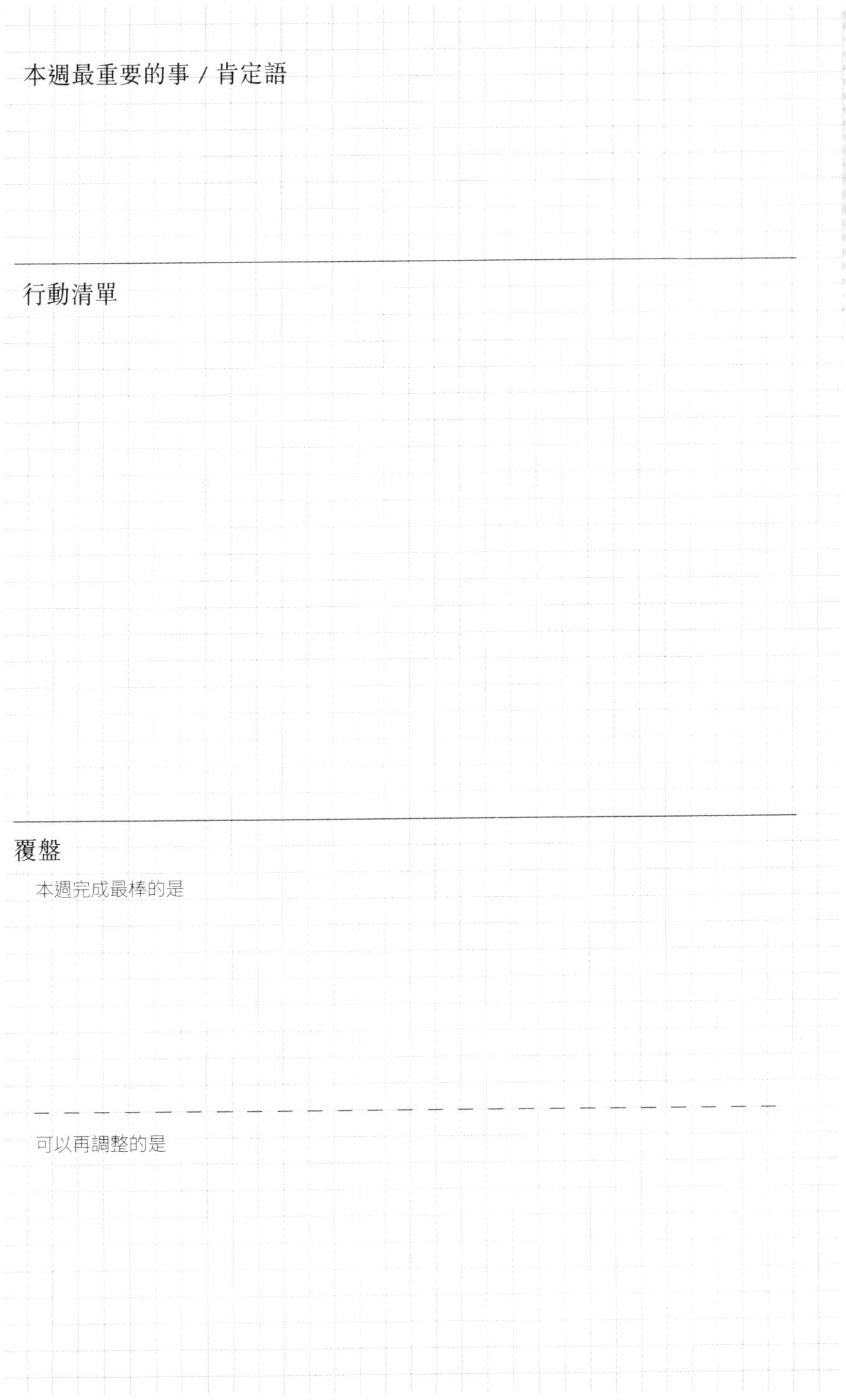
本週最重要的事 / 肯定語
行動清單
覆盤
本週完成最棒的是
可以再調整的是

MONTH

MON

TUE

WED

THU

FRI

SAT

SUN

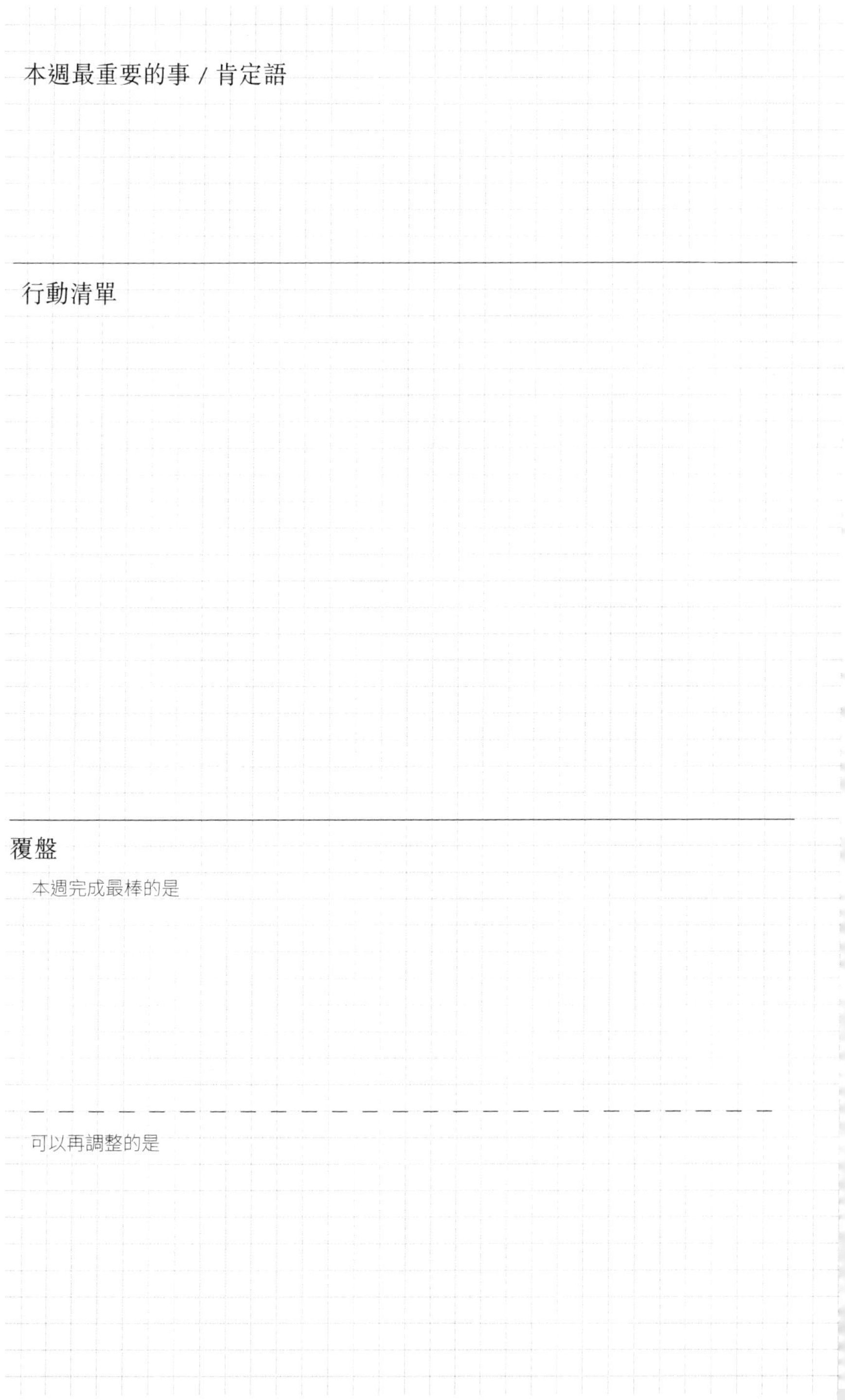

本週最重要的事 / 肯定語

行動清單

覆盤

本週完成最棒的是

可以再調整的是

MONTH

MON

TUE

WED

THU

FRI

SAT

SUN

本週最重要的事 / 肯定語

行動清單

覆盤

本週完成最棒的是

可以再調整的是

MONTH

MON

TUE

WED

THU

FRI

SAT

SUN

本週最重要的事 / 肯定語

行動清單

覆盤

本週完成最棒的是

可以再調整的是

MONTH

MON

TUE

WED

THU

FRI

SAT

SUN

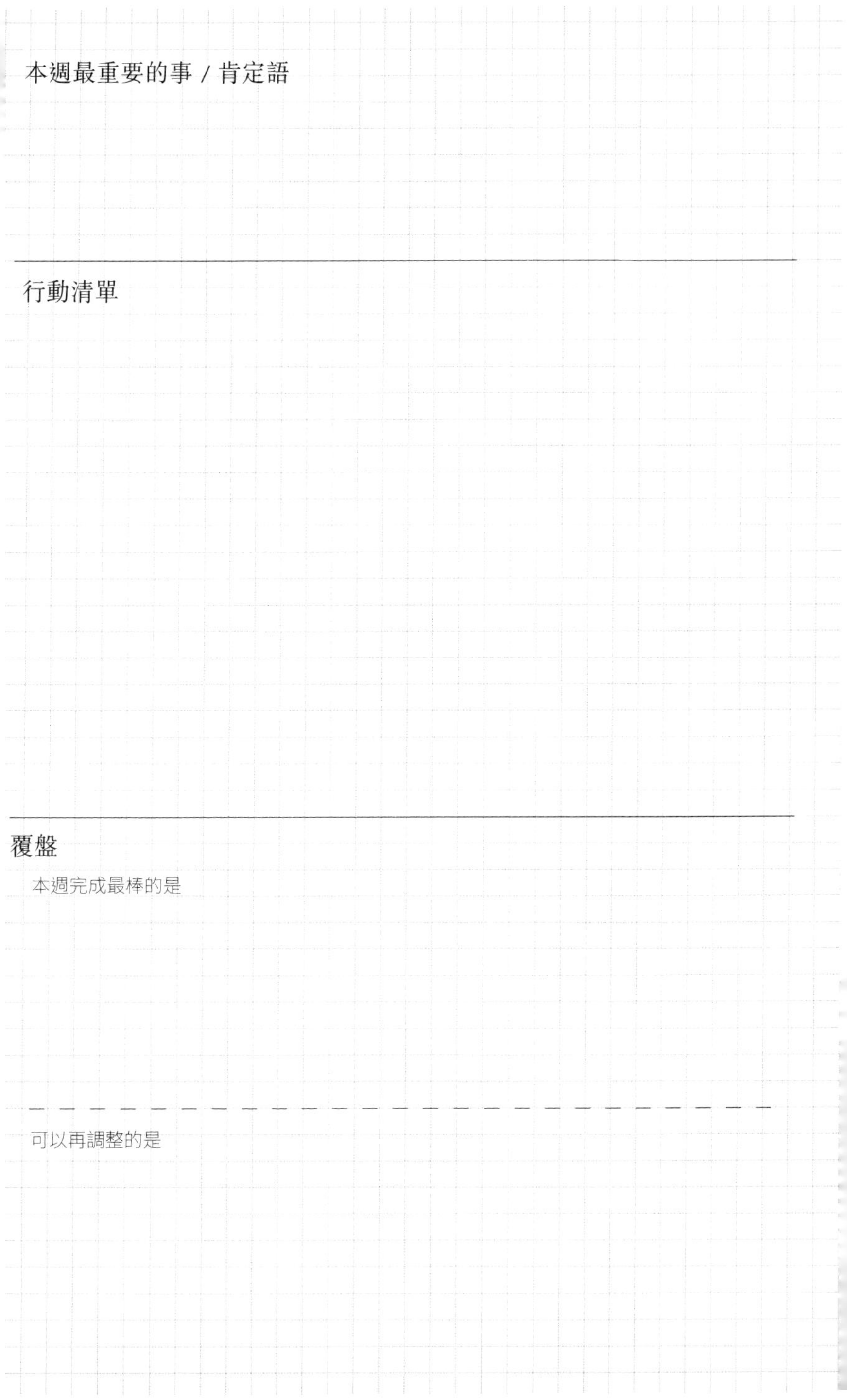

本週最重要的事 / 肯定語

行動清單

覆盤

本週完成最棒的是

可以再調整的是

MONTH

MON

TUE

WED

THU

FRI

SAT

SUN

本週最重要的事 / 肯定語

行動清單

覆盤

本週完成最棒的是

可以再調整的是

MONTH

MON

TUE

WED

THU

FRI

SAT

SUN

本週最重要的事 / 肯定語

行動清單

覆盤

本週完成最棒的是

可以再調整的是

MONTH

MON

TUE

WED

THU

FRI

SAT

SUN

本週最重要的事 / 肯定語

行動清單

覆盤

本週完成最棒的是

可以再調整的是

MONTH

MON

TUE

WED

THU

FRI

SAT

SUN

本週最重要的事 / 肯定語

行動清單

覆盤

本週完成最棒的是

可以再調整的是

MONTH

MON

TUE

WED

THU

FRI

SAT

SUN

本週最重要的事 / 肯定語

行動清單

覆盤

本週完成最棒的是

可以再調整的是

MONTH

MON

TUE

WED

THU

FRI

SAT

SUN

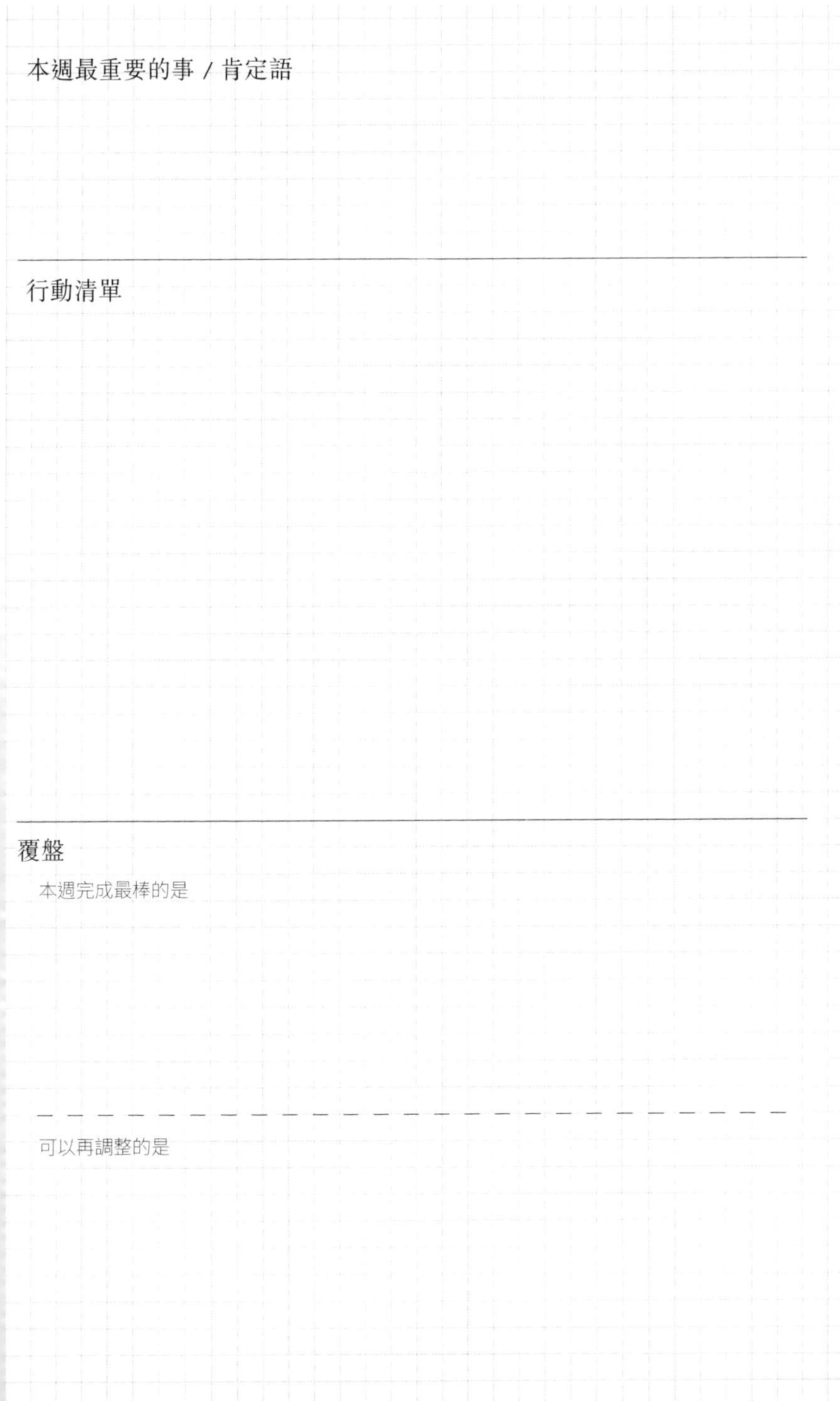

本週最重要的事 / 肯定語

行動清單

覆盤

本週完成最棒的是

可以再調整的是

MONTH

MON

TUE

WED

THU

FRI

SAT

SUN

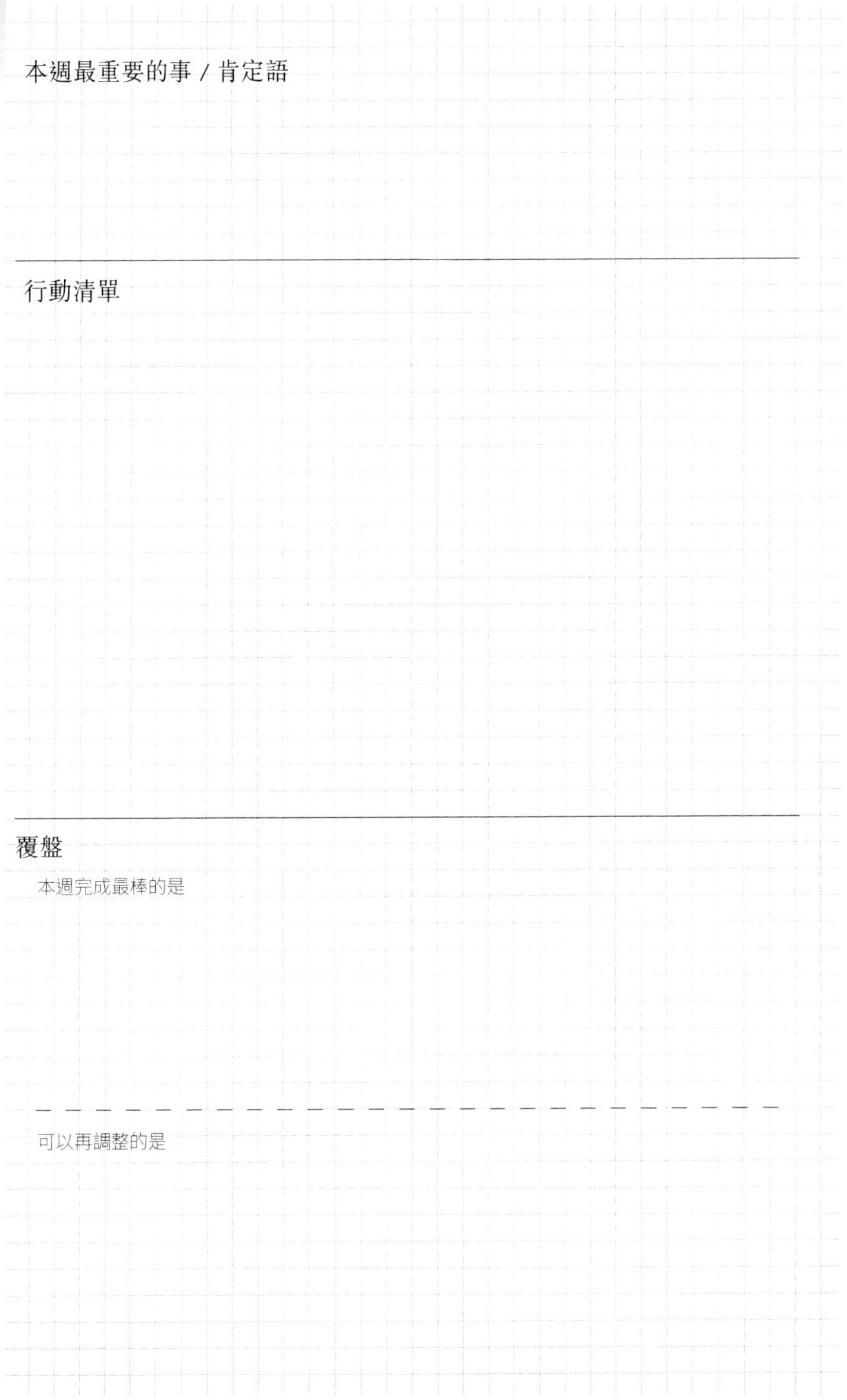

本週最重要的事 / 肯定語

行動清單

覆盤

本週完成最棒的是

可以再調整的是

MONTH

MON

TUE

WED

THU

FRI

SAT

SUN

本週最重要的事 / 肯定語

行動清單

覆盤

本週完成最棒的是

可以再調整的是

MONTH

MON

TUE

WED

THU

FRI

SAT

SUN

本週最重要的事 / 肯定語

行動清單

覆盤

本週完成最棒的是

可以再調整的是

MONTH

MON

TUE

WED

THU

FRI

SAT

SUN

本週最重要的事 / 肯定語

行動清單

覆盤

本週完成最棒的是

可以再調整的是

MONTH

MON

TUE

WED

THU

FRI

SAT

SUN

本週最重要的事 / 肯定語

行動清單

覆盤

本週完成最棒的是

可以再調整的是

MONTH

MON

TUE

WED

THU

FRI

SAT

SUN

本週最重要的事 / 肯定語

行動清單

覆盤

本週完成最棒的是

可以再調整的是

MONTH

MON

TUE

WED

THU

FRI

SAT

SUN

本週最重要的事 / 肯定語

行動清單

覆盤

本週完成最棒的是

可以再調整的是

MONTH

MON

TUE

WED

THU

FRI

SAT

SUN

本週最重要的事 / 肯定語

行動清單

覆盤

本週完成最棒的是

可以再調整的是

MONTH

MON

TUE

WED

THU

FRI

SAT

SUN

本週最重要的事／肯定語

行動清單

覆盤

本週完成最棒的是

可以再調整的是

MONTH

MON

TUE

WED

THU

FRI

SAT

SUN

本週最重要的事 / 肯定語

行動清單

覆盤

本週完成最棒的是

可以再調整的是

MONTH

MON

TUE

WED

THU

FRI

SAT

SUN

本週最重要的事 / 肯定語

行動清單

覆盤

本週完成最棒的是

可以再調整的是

MONTH

MON

TUE

WED

THU

FRI

SAT

SUN

本週最重要的事 / 肯定語

行動清單

覆盤

本週完成最棒的是

可以再調整的是

MONTH

MON

TUE

WED

THU

FRI

SAT

SUN

本週最重要的事 / 肯定語

行動清單

覆盤

本週完成最棒的是

可以再調整的是

MONTH

MON

TUE

WED

THU

FRI

SAT

SUN

本週最重要的事 / 肯定語

行動清單

覆盤

本週完成最棒的是

可以再調整的是

MONTH

MON

TUE

WED

THU

FRI

SAT

SUN

本週最重要的事 / 肯定語

行動清單

覆盤

本週完成最棒的是

可以再調整的是

MONTH

MON

TUE

WED

THU

FRI

SAT

SUN

本週最重要的事 / 肯定語

行動清單

覆盤

本週完成最棒的是

可以再調整的是

MONTH

MON

TUE

WED

THU

FRI

SAT

SUN

本週最重要的事 / 肯定語

行動清單

覆盤

本週完成最棒的是

可以再調整的是

MONTH

MON

TUE

WED

THU

FRI

SAT

SUN

本週最重要的事 / 肯定語

行動清單

覆盤

本週完成最棒的是

可以再調整的是

自信的公式

1. 我知道我有能力達成人生中的明確目標，因此，我要堅持不懈、為達到這個目標持續努力，我在此承諾將會付諸行動。

2. 我知道我腦中的想法會轉化為實際的行動，並逐漸轉化為實體的存在。我每天會花三十分鐘專注思考自己想成為的人，在腦海中構築一個清晰的形象。

3. 我知道借助自我暗示，心中的渴望最後都會透過某種實際方式付諸實踐。我每天會花十分鐘督促自己培養自信。

4. 我已經清楚寫下明確的人生主要目標，到培養出達成目標所需的足夠自信前，我都不會放棄。

5. 只有建立在真理和正義之上的財富才會長久，我只會參與讓所有人都獲益的交易活動。我會成功吸引那些我希望使用的力量，以及他人的合作。我會讓其他人為我服務，因為我也願意服務他人。我會放下憎恨、羨慕、 嫉妒、自私、憤世嫉俗，並培養出對全人類的愛，因為我知道，對他人抱持著負面態度永遠無法帶來成功。我會讓別人相信我，因為我相信他們也相信我自己。

6. 我會在這個公式下署名、牢牢謹記並每天大聲唸出來一次，在行動時，全心全意相信這段話會影響我的想法和行為，幫我成為一個獨立、成功的人。

______________________（簽名）